U0170644

米莱童书 著绘

中信出版集团 | 北京

推荐序

非常高兴向各位家长和小朋友推荐“这就是化学”科普丛书。这是一套有趣的化学漫画书，它不同于传统的化学教材，而是用孩子们乐于接受的漫画形式来普及化学知识。这套丛书通过生动的画面、有趣的故事，结合贴近日常生活的场景，在轻松、愉悦的氛围中传授知识，深入浅出，寓教于乐。它不仅能够帮助孩子初步认识化学，还能引导他们关注身边的化学现象，培养对化学的浓厚兴趣。

化学是一个美丽的学科。世界万物都是由化学元素组成的。化学有奇妙的反应，有惊人的力量，它看似平淡无奇，却在能源、材料、医药、信息、环境和生命科学等研究领域发挥着其他学科不可替代的作用。学习化学是一个神奇且充满乐趣的过程，你会发现这个世界每时每刻都在发生奇妙的化学变化，万事万物都离不开化学。世界上的各种变化不是杂乱无章的，而是有其内在的规律，都被各种化学反应式在背后“操控”。学习化学就像是“探案”，有实验室里见证奇迹的过程，也有对实验结果的演算分析。

化学所涉及的知识与我们的日常生活息息相关，化学变化和化学反应在我们的身边随处可见。在这套科普绘本里，作者用新颖的形式带领孩子探究隐藏在身边的“化学世界”：铁钉为什么会生锈？苹果是如何变成苹果醋的？蜡烛燃烧之后变成了什么？为什么洗洁精可以洗净油污？用什么东西可以除去水壶里的水垢？……这些探究真相的过程，可以培养孩子学习化学知识的兴趣，也是提高科学素养的过程。

愿孩子们能从这套书中收获化学知识，更能收获快乐！

中国科学院院士，高分子化学、物理化学专家 李永舫

目录

什么是元素

元素和物质的关系，就像英文字母和英文单词的关系。英文字母只有 26 个，可是组成的单词成千上万。元素呢，目前已知的只有 100 多种，却能组成宇宙中的一切物质。

你看，我们脚踩的土地是由元素组成的。

我们时刻都在呼吸的空气是由元素组成的。

连天上东升西落的太阳也是由元素组成的。

不同的物体，各种元素的含量也不同。在地壳中，氧元素含量最高。

空气中含量最多的元素是氮元素。如果把一个盒子里氮元素组成的氮气提取出来，它几乎可以占据这个盒子五分之四的空间。

太阳是一颗恒星，组成它的元素中，大约有四分之三是氢元素。

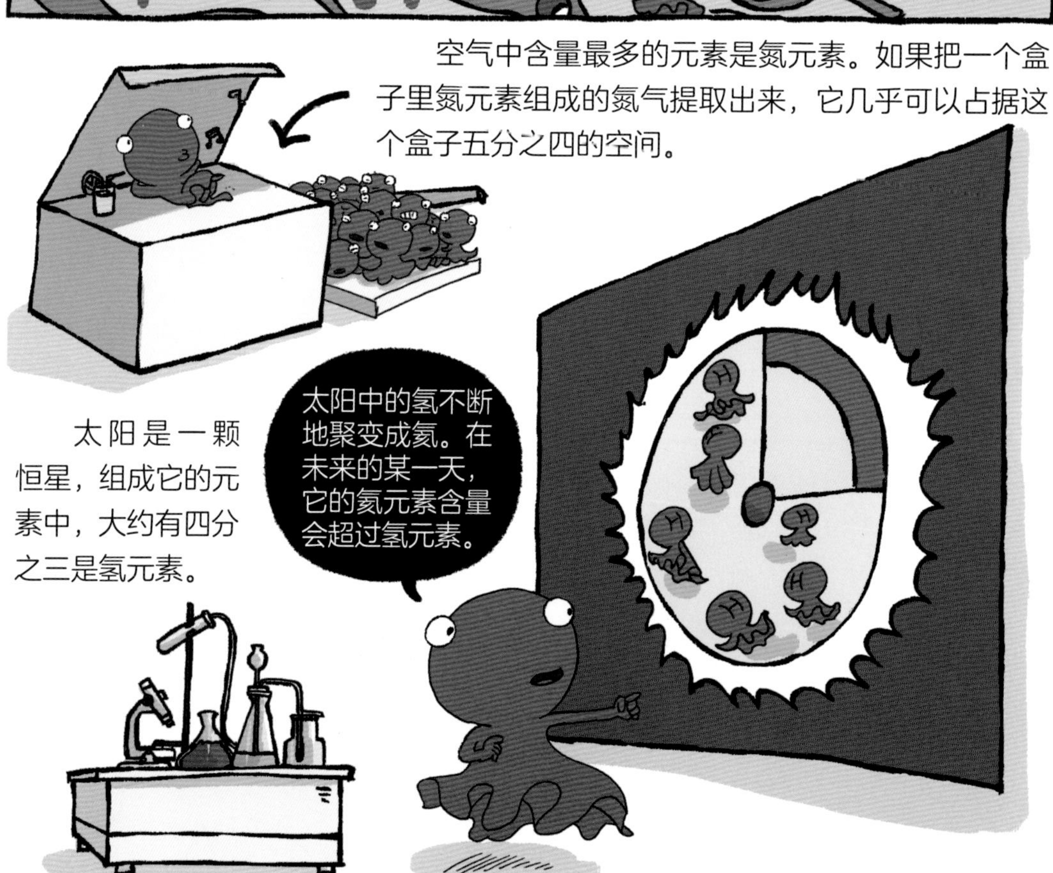

说了这么多，元素到底是什么呢？
在化学中，**元素**就是质子数相同的一类原子的总称。比如氧原子和氧离子，都属于氧元素。
在化学变化中，原子种类不变，元素就不会改变。

有些元素是自然界中存在的，有些元素是人造的。
天然元素
人造元素

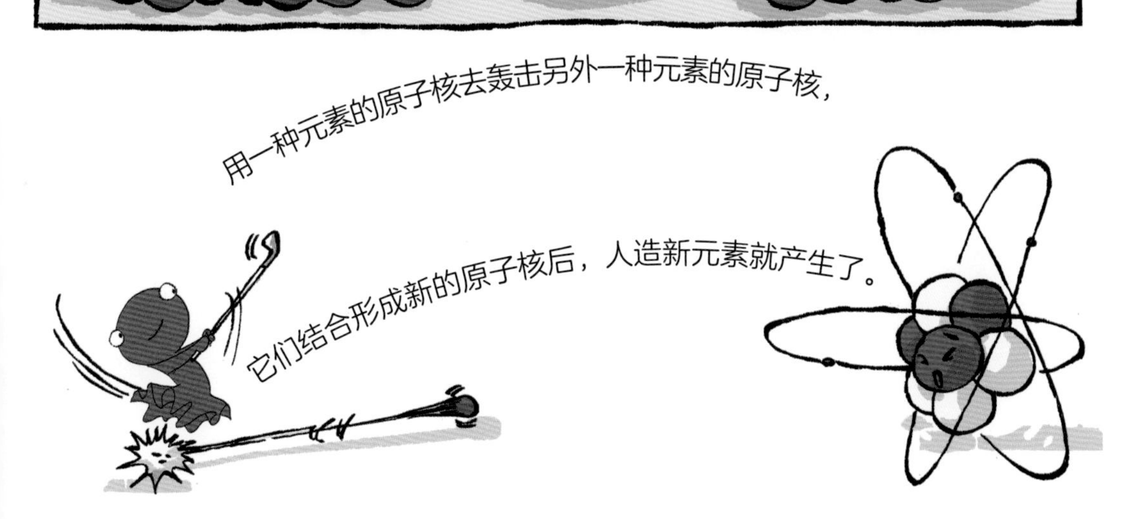
用一种元素的原子核去轰击另外一种元素的原子核，
它们结合形成新的原子核后，人造新元素就产生了。

元素符号

元素是个大家族，要想把家族中每一个成员都表示出来并不是一件容易的事。
铜
铁
碳

科学家们认为，可以用**特定的符号**来表示不同的元素。
钠
铬
锰
锗
曾经有一个化学家发明了一种用**图形加字母**的形式来表示元素的方法。

元素符号既表示一种元素，也表示一个原子。如“O”既可以表示氧元素，也可以表示一个氧原子。

元素周期表

我们来给元素们排排队吧！
仔细看**元素周期表**，你能发现很多有趣的信息。
黄色的格子里都是**金属元素**，它们排列在左侧。
蓝色的格子里都
属元素，除氢
排列在右侧。
里都是稀有气
1 H 氢
3 Li 锂
4 Be 铍
11 Na 钠
12 Mg 镁
19 K 钾
20 Ca 钙
21 Sc 钪
22 Ti 钛
23 V 钒
24 Cr 铬
25 Mn 锰
26 Fe 铁
37 Rb 铷
38 Sr 锶
39 Y 钇
40 Zr 锆
41 Nb 铌
42 Mo 钼
43 Tc 锝
44 Ru 钌
55 Cs 铯
56 Ba 钡
57~71 La~Lu 镧系
72 Hf 铪
73 Ta 钽
74 W 钨
75 Re 铼
76 Os 锇
87 Fr 钫
88 Ra 镭
89~103 Ac~Lr 锕系
104 Rf 𬬻*
105 Db 𬭊*
106 Sg 𬭳*
107 Bh 𬭛*
108 Hs 𬭶*
镧系
57 La 镧
58 Ce 铈
59 Pr 镨
60 Nd 钕
61 Pm 钷*
62 Sm 钐
63 Eu 铕
锕系
89 Ac 锕
90 Th 钍
91 Pa 镤
92 U 铀
93 Np 镎
94 Pu 钚
95 Am 镅*

带＊的元素，是**人造元素。**
放射性元素的符号是红色的。
2 He 氦
5 B 硼
6 C 碳
7 N 氮
8 O 氧
9 F 氟
10 Ne 氖
13 Al 铝
14 Si 硅
15 P 磷
16 S 硫
17 Cl 氯
18 Ar 氩
29 Cu 铜
30 Zn 锌
31 Ga 镓
32 Ge 锗
33 As 砷
34 Se 硒
35 Br 溴
36 Kr 氪
47 Ag 银
48 Cd 镉
49 In 铟
50 Sn 锡
51 Sb 锑
52 Te 碲
53 I 碘
54 Xe 氙
79 Au 金
80 Hg 汞
81 Tl 铊
82 Pb 铅
83 Bi 铋
84 Po 钋
85 At 砹
86 Rn 氡
111 Rg 轮*
112 Cn 鿔*
113 Nh 鿭*
114 Fl 𫓧*
115 Mc 镆*
116 Lv 𫟷*
117 Ts 鿬*
118 Og 鿫*
66 Dy 镝
67 Ho 钬
68 Er 铒
69 Tm 铥
70 Yb 镱
71 Lu 镥
98 Cf 锎*
99 Es 锿*
100 Fm 镄*
101 Md 钔*
102 No 锘*
103 Lr 铹*

金属元素

乐团的很多乐器，也是用金属制成的。

看看周围，你甚至可以随时随地发现用金属制成的物品。

金属有一些共同的特性，比如，它们具有光泽，看起来亮闪闪的。
哇！这些首饰好漂亮，光彩夺目的！

金属具有延展性，它们可以被压成薄片，也可以被拉成长长的细丝。

大多数金属还是电和热的良导体，所以电线和很多锅都是用金属制成的。

不同的金属有不同的**特性**。
电线一般都是用**铜**制成的，因为铜的导电性比较好。
灯泡里的灯丝是用**钨**制成的。
钨是熔点最高的金属，不容易被烧断。
水龙头的表面要镀上一层**铬**。
铬是最硬的金属，非常耐磨，且不容易生锈。

不同金属的活泼性也不一样。越活泼的金属越容易发生化学反应。
钾和镁在空气中就可以被点燃；
铁在纯氧中可以被点燃；
而铜在常温下几乎不与氧气发生反应。
镁条

金属的活动性也各不相同。金属与盐酸或稀硫酸能否反应，可反映金属的活动性。
镁在盐酸中反应剧烈，产生的气泡很多；
锌在盐酸中反应，产生的气泡就少了很多；
铁在盐酸中反应，只产生少量的气泡。

人们经过实验研究发现：常见金属的活动性顺序中，钾最靠前，金在最后。
K
Mg
Fe
Pb
Au
活动性

具有代表性的金属元素

铁可用来制作厨房用具、交通工具、运动器材等，我们的生活中遍布着用铁制作的物品。

就连你身体内的血液里也有铁元素，它是血红蛋白的重要组成成分，用来运输氧。

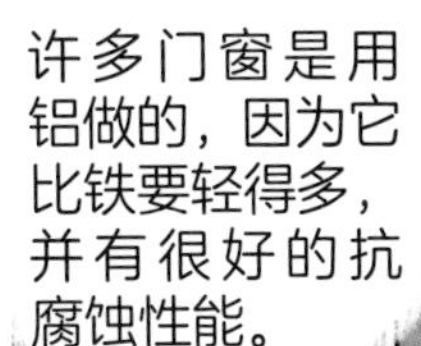
许多门窗是用铝做的，因为它比铁要轻得多，并有很好的抗腐蚀性能。

铝是地壳中含量最高的金属元素，也是一种常用的金属。

铝在常温下与氧气反应形成一层氧化铝薄膜，可以阻止铝进一步被氧化。

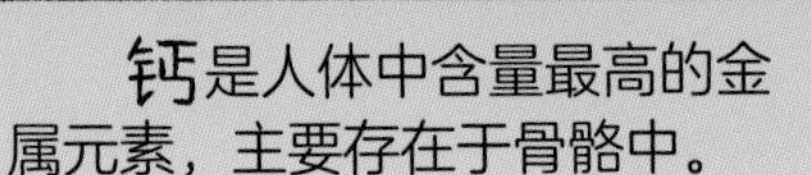
钙是人体中含量最高的金属元素，主要存在于骨骼中。

缺钙会导致青少年骨骼发育不良，个子长不高。
一个成年人身体里的钙，能装满这个瓶子。
Ca

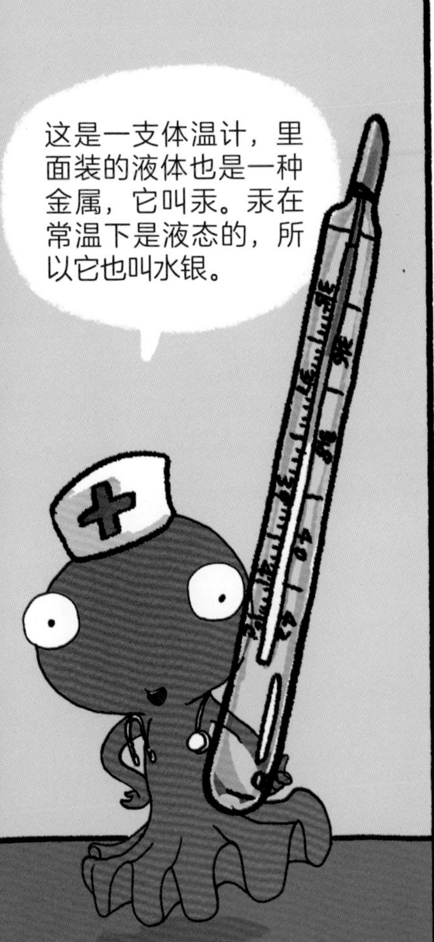
这是一支体温计，里面装的液体也是一种金属，它叫汞。汞在常温下是液态的，所以它也叫水银。

合金

厨师在炒菜时，会加入各种调料，改善菜的色、香、味。假如把这种方式用在金属制作上，能够得到各种**合金**。
在加热金属时熔合其他金属或非金属，就可以得到**合金**。

比如，在铜中加入锡，就会得到**铜锡合金**。

铜锡合金就是**青铜**，你一定不陌生，在博物馆里经常会看到用它制作的古代器具。
青铜是人类冶炼出的**第一种合金**。
青铜器原本不是青色的，经过许多年的**氧化**，变成了青色。

合金能将不同金属或非金属的特性融合。
我们平时常说的**钢**，其实是一种**铁碳合金**。

制作医疗器械所用的不锈钢含有**铁、铬、镍**等，不仅坚硬，而且抗腐蚀性强。

火车轨道需要承受火车巨大的重量，所用的材料锰钢是含**铁、锰、碳**等的合金。

有的硬币是用白铜制成的，白铜是铜镍合金，它耐磨、耐腐蚀，而且亮闪闪的。
亮闪闪的东西，总是能吸引人注意。

用于焊接的焊锡是锡铅合金，它熔点低，是焊接线路中电子元件的重要材料。

铝比较软，但用铝、铜、镁、锰等制成的合金——硬铝，强度和硬度非常高，飞机、火箭、轮船的制造都少不了它。

先把钛镍合金做成
抛物面形状的天线。
再将天线在低温下
揉成一团，放进人
造卫星舱内。
还有的合金具有特殊的本领，比如具有形状记忆效应的钛镍合金，被广泛用于制作人造卫星和宇宙飞船的天线。
人造卫星进入太空
轨道后，天线在舱外
经过太阳光照射温
度慢慢升高，开始恢
复原来的形状。
最后，天线自
动恢复成原来
的抛物面形状。

非金属元素

非金属元素的种类比金属元素要少得多，但生活中也可以随处见到它们。
我们脚下的土、河流中的水、无处不在的空气都是由非金属元素组成的。

非金属
除汞以外，几乎所有的金属在常温下都是固体，
而非金属元素组成的物质不仅有固体，还有液体和气体。

金属具有导热和导电的性能，非金属一般不容易导热和导电。

金属具有延展性，可以被锻造成各种形状，而非金属组成的固体却很难被塑造成其他形状。

几种非金属元素

非金属元素中，**气体**元素占了一半。氢、氦、氮、氧、氯……从这些中文名字上，你就能看出它们的状态——有“气”字头的是气态非金属元素。
氧是地球上最丰富的元素，木柴燃烧、火箭升空、动物的生存都离不开氧气。

氧气每时每刻都在被消耗，但同时，植物也在通过**光合作用**时时刻刻产生新的氧气。

在气态元素中，有一类叫**“稀有气体”**，它们位于元素周期表的最后一列。
其实“稀有气体”并不是都很少见，它们有的在宇宙中很充沛，所以后来又改名叫**惰性气体**，表示它们不活泼，很“懒惰”。
氩气在通电状态下，会发出蓝紫色的光。
美食广场
氪气通电后，会发出黄绿色的光。
米莱超市
米莱超市
发出红色光，是因为灯管中填充了**氖气**。
你看过霓虹灯吗？它们五颜六色，非常漂亮。这是因为在不同的灯管里填充了不同的**惰性气体**，通电后，就会产生不同的颜色。

碳元素是一种常见的非金属元素，平时我们经常会听到它的名字。
嗨，我在元素周期表中排第六位，你找到我了吗？
碳和炭是不同的。
“碳”代表着碳元素，而“炭”是指一种多孔性物质，比如煤炭、木炭、活性炭。
这是木炭。
这是活性炭。
这是煤炭。

石墨是由碳元素组成的，它的结构是一层一层的。

铅笔芯就是用石墨做的。
石墨是深灰色的，质地很软，在纸上划过会留下痕迹。

你坐过电车吗？电车上的那根“小辫子”的顶部叫电刷，是用石墨做的。家里的干电池里面有一根黑色的电极棒，也是石墨做的。
这是因为石墨具有很好的导电性。

金刚石也是由碳元素组成的。

金刚石和石墨完全不同，它是无色透明的，非常坚硬，能切割玻璃、石头和金属。
金刚石是天然存在的**最硬**的物质。

金刚石还是非常贵重的宝石，璀璨夺目的钻石就是由金刚石打磨制成的。

除了石墨和金刚石，碳元素还能组成一种叫碳 60 的物质。
一个碳 60 分子由60 个碳原子构成。
碳60
你可能注意到了，碳 60 的结构看起来很像一个足球。

碳 60 这种独特的“足球”结构非常稳定，它被广泛用于制作各种材料。科研人员还在不断地对它进行研究。

同素异形体

白磷是白色的，有剧毒，40℃左右就会燃烧，隔绝空气加热至250℃～260℃转化为**红磷**。

同样一堆木头，可以做成桌子，也可以做成椅子。由同一种元素组成的物质的“形状”也可以不同。这些由同种元素形成的不同单质叫**同素异形体**。你在前面看到的石墨、金刚石、碳60就是碳元素的同素异形体。

红磷是紫红色的，几乎无毒，260℃左右才能燃烧，隔绝空气加热至416℃，生成蒸气后冷凝，即得到**白磷**。

除了碳元素，其他一些元素也有同素异形体。比如，**红磷**和**白磷**是磷元素常见的同素异形体。

火柴盒侧面用来摩擦的物质就是用红磷调和其他物质制成的。

红磷可以用来制造火柴盒。

白磷可以用来制造烟幕弹、燃烧弹。

空气中含有氧气，氧气由氧元素组成，**氧元素**还能组成什么物质呢？
现在我要去寻找氧气的同素异形体。氧气的同胞兄弟在哪里？

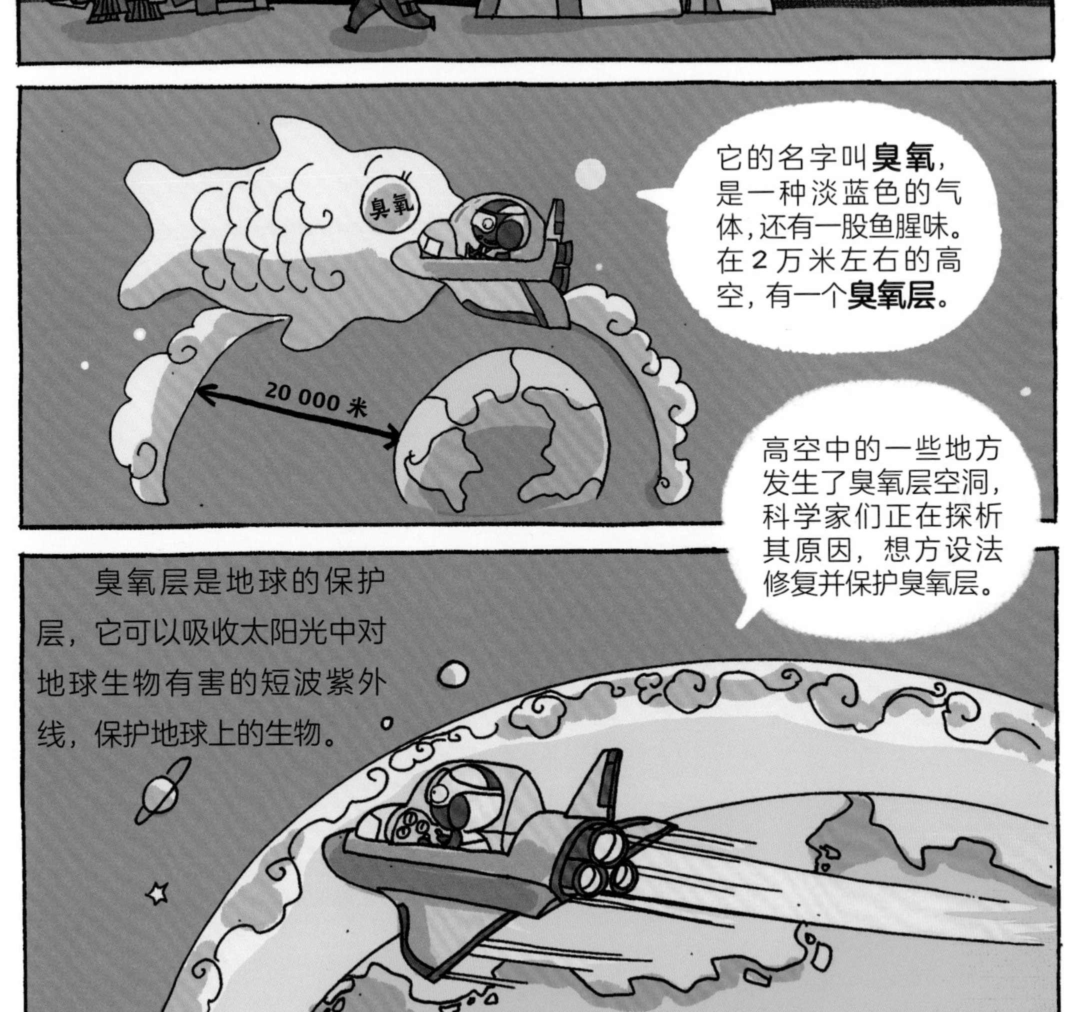
臭氧
它的名字叫**臭氧**，是一种淡蓝色的气体，还有一股鱼腥味。在 2 万米左右的高空，有一个**臭氧层**。
20 000 米
高空中的一些地方发生了臭氧层空洞，科学家们正在探析其原因，想方设法修复并保护臭氧层。
臭氧层是地球的保护层，它可以吸收太阳光中对地球生物有害的短波紫外线，保护地球上的生物。

放射性元素

你知道吗？在以前，有一些人幻想着“点石成金”，想把普通的石头变成金子。
石头啊石头，你一定要变成金子。
变！变！变！

当然，他们的希望都破灭了。

但在自然界中，却一直进行着类似“点石成金”的怪现象。一些**放射性元素**会**衰变**成新的元素。
放射性元素
一些元素的原子核会放射出粒子和能量，改变自己的质子数，变成另外一种元素。

比如，有一种铀元素，它会放射出 2 个质子和 2 个中子，然后变成另一种元素——钍。
89 Ac 锕
90 Th 钍
91 Pa 镤
92 U 铀
93 Np 镎

放射性元素的原子什么时候**衰变**是没有办法知道的。
嗨，你到底什么时候衰变？
保持专注，我也不知道，但随时都可能会发生。
这很像分蛋糕游戏，一整块分出来半块，又从这半块中分出来半块，一直不停地分下去。
不过如果有足够多的放射性原子，过一段时间，它们就会有一半发生衰变，再经过相同的一段时间，剩下的原子中又有一半会发生衰变，很是奇特。放射性元素的原子核有半数发生衰变所需要的时间叫**半衰期**。

同位素

元素种类由原子中的质子数决定，有的元素包括不同的原子。
比如，氢元素就有三种不同的原子。
常见的氢原子只有一个质子，没有中子。
如果往常见的氢原子里加入一个中子，它就会变成另外一种原子。继续往里面加入一个中子，它又变成了新的原子。
加入一个中子后，原子核中变成了一个质子和一个中子。
这样的原子叫作重氢。
再加入一个中子，原子核内就变成了一个质子和两个中子，这样的原子叫作超重氢。

你瞧，这种质子数相同、中子数不同的同一种元素的不同原子互称为**同位素**。它们就像兄弟姐妹一样。
同位素
我们生活在一个化学世界里，到处都是化学元素。人们不断地加深对化学元素的认识，对新元素的探索也从未停止。
如果你对元素产生了好奇，不妨深入了解钻研它们，没准儿将来你会发现新的元素哟！
Ne

思考

你会给同素异形体连线吗？
石墨
氧气
白磷
金刚石
臭氧
碳60
红磷

问答收纳盒

什么是元素？ 元素是质子数相同的一类原子的总称。

什么是元素符号？ 元素符号是用某个元素拉丁文名称的首字母（大写）或开头两个字母（第一个字母大写，第二个字母小写）表示该元素的符号。

什么是元素周期表？ 元素周期表是把已知的化学元素按照元素的原子结构和性质，进行科学有序排列的表格。

什么是合金？ 合金是指在某种金属元素中熔合其他金属或非金属制成的材料。

什么是同素异形体？ 同素异形体是指由同种元素形成的不同单质，如石墨和金刚石互为同素异形体。

什么是放射性元素？ 放射性元素是能够自发地从原子核内部放射出粒子和能量的元素。

什么是衰变？ 衰变是放射性元素的原子核自发地放射出粒子及能量后，变成另一种较为稳定的元素的过程。

什么是半衰期？ 半衰期是放射性元素有半数的原子核发生衰变所需要的时间。

什么是同位素？ 质子数相同、中子数不同的同一种元素的不同原子互称为同位素。如氢、重氢与超重氢互为同位素。

思考题答案

第 34 页　金属元素：钠、铁、铜、钙、金、银、铝、汞。
非金属元素：碳、氧、氢、磷、氦、氯、氮。

第 35 页　白磷——红磷　石墨——金刚石——碳 60　氧气——臭氧

作者团队

米莱童书，由国内多位资深童书编辑、插画家组成的原创童书研发平台，“中国好书”大奖得主、“桂冠童书”得主、中国出版“原动力”大奖得主。现为中国新闻出版业科技与标准重点实验室（跨领域综合方向）授牌的中国青少年科普内容研发与推广基地，致力于对传统童书进行内容与形式的升级迭代，开发一流原创童书作品，使其更加适应当代中国家庭的阅读与学习需求。

专家团队

李永舫　中国科学院院士，高分子化学、物理化学专家　作序推荐

张　维　中科院理化技术研究所研究员，抗菌材料检测中心主任　审读、推荐

亓玉田　北京市化学高级教师、省级优秀教师、北京市青少年科技创新学院核心教师　知识脚本创作

创作组成员

特约策划：刘润东

统筹编辑：于雅致 陈一丁 王晓北

绘画组：辛颖 孙振刚 鲁倩纯 徐烨 杨琪 霍霜霞

美术设计：刘雅宁 董倩倩 张立佳 马司雯 胡梦雪

图书在版编目（CIP）数据

元素 / 米莱童书著绘 . -- 北京 : 中信出版社，
2023.12（2024.12重印）
（这就是化学）
ISBN 978-7-5217-6006-4

Ⅰ. ①元… Ⅱ. ①米… Ⅲ. ①化学—少儿读物 Ⅳ.
① O6-49

中国国家版本馆 CIP 数据核字（2023）第 171271 号

元素
（这就是化学）

著　　绘：米莱童书
特邀总策划：刘润东
版式设计：米莱童书
制　　作：北京易书有道文化有限公司
出版发行：中信出版集团股份有限公司
（北京市朝阳区东三环北路27号嘉铭中心　邮编　100020）
承 印 者：北京尚唐印刷包装有限公司

开　　本：889mm × 1194mm　1/16　　印　　张：20　　字　　数：400千字
版　　次：2023年12月第1版　　印　　次：2024年12月第8次印刷
书　　号：ISBN 978-7-5217-6006-4
定　　价：200.00元（全8册）

出　　品：中信儿童书店
图书策划：火麒麟
策划编辑：范萍 王平 马月敏
责任编辑：曹威
营销编辑：杨扬

版权所有 · 侵权必究
如有印刷、装订问题，本公司负责调换。
服务热线：400-600-8099
投稿邮箱：author@citicpub.com